Joachim Seyferth

Das Tunnelbuch

Mit

64 Farbphotos

und

68 Schwarzweißphotos

in

5 Kapiteln

SCHIENE-Photo Band 6

Seyferth, Joachim: Das Tunnelbuch
Band Nr. 6 der Reihe SCHIENE-Photo
Mit 134 Farb- und Schwarzweißphotos von Frank Bachmann (7), Dr. Heinrich Baumann (4), Wolfgang Clössner (1), Deutsche Bundesbahn (1), Heiko Ernst (4), Stephan Ernst (2), Andreas Kistner (2), Jürgen Ludwig (3), Dierk Offenberg (1), Jörg Reitemeyer (1), Ludwig Rotthowe (4), Ferdinand von Rüden (1), Knut Schelenz (26), Joachim Seyferth (73) und Malte Werning (4)
Bildtexte von Joachim Seyferth

SCHIENE-Photo ist eine Bildbandreihe und kann auch abonniert werden. Preis im Abonnement (mindestens drei aufeinander folgende Bände) je € 32,00 einschließlich Verpackung und Versand. Der Einzelpreis dieses Bandes beträgt € 32,00.

Bereits erschienen sind:

SCHIENE-Photo Band 1: Erinnerungen an den Schienenbus (zurzeit vergriffen)
SCHIENE-Photo Band 2: Die Aartalbahn (zurzeit vergriffen)
SCHIENE-Photo Band 3: Die Linke Rheinstrecke (zurzeit vergriffen)
SCHIENE-Photo Band 4: Die Rechte Rheinstrecke (zurzeit vergriffen)
SCHIENE-Photo Band 5: Dieselimpressionen V 100 (zurzeit vergriffen)
SCHIENE-Photo Band 6: Das Tunnelbuch
SCHIENE-Photo Band 7: Die Lahntalbahn

Die Reihe wird mit weiteren Themen fortgesetzt.

Bibliografische Information Der Deutschen Bibliothek (DDB)
Die Deutsche Bibliothek verzeichnet diese Publikation in der Deutschen Nationalbibliografie;
Detaillierte bibliografische Daten sind im Internet über http://dnb.ddb.de abrufbar.

ISBN 10: 3-926669-06-3   ISBN 13: 978-3-926669-06-3

1. Auflage 2006

Gestaltung und Zusammenstellung: Joachim Seyferth
Gesamtherstellung: Universitätsdruckerei H. Schmidt GmbH & Co. KG, Mainz
Printed in Germany

Zum Geleit

Ein Bildband nur über Tunnel? Nur Fotos von Portalen und ausfahrenden Zügen? So oder ähnlich klangen die Vorbehalte zu diesem Thema, aber dieses Buch will zeigen, dass die photographische Bandbreite zu diesen magischen Kunstbauten sehr viel facettenreicher sein kann – und sein muss, wenn man den Versuch unternimmt, die Mystik, Faszination und letztlich Emotionalität dieser Bauwerke visuell zu übermitteln.

So wie die Eisenbahn mehr als ein Verkehrsmittel ist, so sind auch ihre Tunnel mehr als eine technische Meisterleistung. Der eisenhaltige Fels-Durchstich als Ultima Ratio für die Überwindung von Raum und Zeit produziert nicht nur Transportqualität, sondern ebenso jede Menge Metaphern philosophischer Natur, die zahlreiche Künstler der Schrift in ihren mannigfaltigen Werken verarbeitet haben: Kurt Tucholsky in „Im Tunnel", Adelbert Muhr in „Zu Fuß durch den Eisenbahntunnel", Colum McCann in „Der Himmel unter der Stadt" und natürlich allen voran Friedrich Dürrenmatt in seiner bekannten Novelle „Der Tunnel".

Nein, ein Tunnel ist mehr als seine lange Röhre und seine Portale aus Naturstein oder neuzeitlichem Beton. Ein Tunnel ängstigt, riecht, tropft, bedrückt, schluckt Laut und Licht, grollt, reduziert und befreit – er scheint zu leben. Diese Dynamik und die seiner kolbenartigen Züge zwingt Eisenbahner und andere Abenteurer zu spezifischen Verhaltensregeln, um im Inferno der von Lokomotivlichtkegeln unterbrochenen Dunkelheit zu überleben und die Euphorie beim Austritt in den Tag zu erfahren.

Ob all das ein paar Bilder vermitteln können? Natürlich nicht, aber wie bei allen SCHIENE-Photo-Bänden steht auch hier nicht der Fakt, sondern die Emotion im Vordergrund. Sachliche Bilddokumentation, Vollständigkeit oder detaillierte technische Informationen werden zu Gunsten gestalteter Photographie bewusst ausgeblendet. Und was eignet sich hierzu besser als ein so genannter Kunstbau?

Für diesen Band standen so viele geeignete Aufnahmen zur Auswahl an, dass ein großer Teil von ihnen auf eine eventuelle weitere Auflage warten muss. Selbst für einen längeren Text blieb kein Platz mehr – ein Novum in dieser Bildbandreihe, für das hoffentlich die Bilder entschädigen.

Und schließlich bleibt noch anzumerken, dass für alle Aufnahmen im Tunnel eine Genehmigung vorlag oder eine berechtigte Begleitperson zugegen war – eine unabdingbare Voraussetzung ebenso für jene, die das Erlebnis Tunnel in diesem Verbotsbereich nachempfinden möchten.

Auch wenn der Tunnelpfiff bei der Einfahrt in den Berg längst abgeschafft ist, am Anfang dieses Buches lassen wir ihn noch einmal laut ertönen. Schauen Sie in die Röhre!

Wiesbaden, im Mai 2006 Joachim Seyferth

Danke!

SCHIENE-Photo ist wieder da! Über zehn Jahre sind nach dem Erscheinen des letzten Bandes (Dieselimpressionen V 100) vergangen und die Fortsetzung mit den Bänden Nr. 6 (Das Tunnelbuch) und Nr. 7 (Die Lahntalbahn) kommt beinahe einem Neuanfang gleich. Bei der Realisierung dieser Projekte in konjunkturell schwierigen Zeiten haben in dankenswerter Form viele Freunde dieser Bildbandreihe geholfen, darunter

Volker Arndt, Frank Bachmann, Dr. Heinrich Baumann, Georg Beck, Matthias Bohlinger, Tilman Bracher, Martin Brandt, Jens Buhlmann, Hans Eisenhauer, Wilfried Fischer, Gerold Grune, Günter Hofmann, Gernot Hornik, Peter Kießelbach, Thomas Krüger, Michael Marinc, Wolfgang Metzmacher, Kai Pachan, Joachim Piephans, Thomas Schwartz, Egbert von Steuber, Thomas Winkler, Joachim Zacher

sowie viele andere, die nicht genannt werden wollen, die ich hier vielleicht vergessen habe (mit der Bitte um Entschuldigung!) oder die Ihre Hilfe noch nach Redaktionsschluss angeboten haben. Dank auch an die zahlreichen Bildautoren dieses Bandes, die die photographische und thematische Bandbreite mit ihren Aufnahmen bereichert haben. Und letztlich Dank an alle treuen Freunde der Zeitschrift SCHIENE und dieser Reihe SCHIENE-Photo, die das Konzept des Verlages und seine Intention so nachhaltig und solidarisch unterstützen.

Joachim Seyferth

Inhalt

Vorderer Einband:

Wie die Katze vor dem Mauseloch wartet der Photograph auf seine Beute, die sich am Südportal des Ebertsberg-Tunnel bei Elm als ein bescheidenes Rottenkraftfahrzeug entpuppt. Den alten Tunnelbauwerken und ihrer Magie auf der klassischen Nord-Süd-Strecke zwischen Flieden und Gemünden ist ein eigenes Kapitel dieses Buches gewidmet.
Foto (14.3.1991): Joachim Seyferth

Hinterer Einband:

Abenteuer Tunnel: Von draußen gedämpfte Laute, im Dunkel tropfendes Bergwasser, ein Quadratmeter Nische gegen die Angst. Und wieder zirpen die Schienen, ein Knacken im Gleis: „Lufthansa-Airport-Express“ im Kammereck-Tunnel zwischen Oberwesel und St. Goar.
Foto (22.2.1991): Knut Schelenz

Aus dem Schutzregelheft 23 „Verhalten in Tunneln“
(Deutsche Bundesbahn 1959)

Gehst Du mit einer Gruppe in den Tunnel, so muß mindestens **jeder dritte Mann** eine brennende Laterne oder eine elektrische Sicherheitslampe **haben.**

Wenn ein Gleis gesperrt ist, gehe stets im gesperrten Gleis. Bei zweigleisigen Strecken **darf sich** also in diesem Fall **niemand im nicht gesperrten Gleis** aufhalten. Denke aber daran, daß auch in einem gesperrten Gleis Arbeitszüge verkehren können.

Ist von den beiden Gleisen einer zweigleisigen Strecke keines gesperrt, so gehe in dem Gleis, **in dem Dir die Züge planmäßig entgegenkommen.** Denke aber auch daran, daß Falschfahrten stattfinden können.

Tunnelrotten oder andere Gruppen von Bediensteten **müssen** beim Gehen im nicht-gesperrten Gleis durch **Sicherungsposten** gesichert sein, wenn die Bediensteten wegen Unübersichtlichkeit **des Tunnels oder** der anschließenden **Streckenabschnitte durch** einen Zug oder ein Fahrzeug überrascht werden können.

Solange die Sicht im Tunnel wegen **Verqualmung erheblich eingeschränkt ist, darfst Du schwere Gegenstände** auch im gesperrten Gleis nicht bewegen.

4

Eisenbahn ist Tunnel

Eisenbahn ist Tunnel. Von der Papprühre auf der ersten Spielzeugeisenbahn bis zum kilometerlangen Nachtmarsch durch den Berg. Der dunkle und geheimnisvolle Durchstich für die eiserne Bahn inspiriert(e) Schriftsteller, Abenteurer, Zugreisende und Eisenbahnfreunde: Als Kunstbau des Ingenieurwesens, als Metapher für das Abgründige oder als beklemmende Wegstrecke zwischen Abschied und Neubeginn. Kaum ein Bauwerk ist so mystisch, dynamisch, starr und sinnlich zugleich: Es lehrt Demut und Größe, Bedrückung und Freiheit, Gewalt und Stille, Angst und Euphorie, Leben und Tod, Wichtiges. Tunnel ist Eisenbahn.

◄ Großzügiger Tunnelquerschnitt: Dampf-Sommer am Förtha-Tunnel bei Eisenach (28.8.1992)

Foto: Knut Schelenz

► (Eis)Bärenkräfte im Thüringer Land: Kälteerprobte Ostlok in erstarrter Landschaft am Förtha-Tunnel (232 024 mit RB 7823, 7.2.1996)

Foto: Knut Schelenz

232 024-0
P

27
2

◄ Zu schade für den Aufenthalt im kühlen Dunkel: Vorfrühling an der Lahn am Michelsberg-Tunnel (19.3.1996)

Foto: Joachim Seyferth

► Sommergleis im tunnelreichen Aartal (16.6.1986)

Foto: Joachim Seyferth

Tunnel-Abenteuer an der Nord-Süd-Strecke (Burghauner Tunnel, 13.1.1996)

Foto: Joachim Seyferth

Ende einer Schubfahrt (150 091 hinter IRC 53105 am Nordportal des Schwarzkopf-Tunnel bei Heigenbrücken, 22.11.1996)

Foto: Joachim Seyferth

Hauptbahn-Röhre mit nur einem Gleis: Südportal des Engelberg-Tunnel bei Reinheim im Odenwald (212 001 mit Üg 67765 nach Reinheim, März 1995)

Foto: Heiko Ernst

Fotohalt im Hunsrück (212 001 im Hoxeler Tunnel, Januar 1995)

Foto: Heiko Ernst

◀ Das ist der Tunneligel! Mit seinen Stacheln misst er das Profil seiner Beute und wenn's piekt, ist der Tunnel zu eng geworden. (712 001 in Bochum-Dahlhausen, 10.9.1995)

Foto: Malte Werning

► Auch schon Vergangenheit: Der alte Tunnel in Mainz Süd mit seiner baugleichen „Pforte" (E 3792, 5.7.1987)

Foto: Joachim Seyferth

7

Wiesbaden Hbf
928 450-6
DB
F

◄ Für zwei Gleise gebaut, jedoch nur die Hälfte beherbergt: Der alte Grauer Stein-Tunnel bei Niedernhausen vor der Sanierung per Beton-Innenröhre in den Jahren 1999/2000 (siehe auch Seite 103). (N 6253, 27.7.1994)

Foto: Joachim Seyferth

► Monochromes Tunnel-Ensemble am selben Ort (19.6.1984)

Foto: Joachim Seyferth

Nächtlicher Arbeitszug-Einsatz unter der Großstadt (Tunnel Mainz Hbf, 6.9.1994)

Foto: Heiko Ernst

Vollmond und der letzte Reisezug (181 im Kinderbeuerner Tunnel bei Ürzig, 18.10.2005)

Foto: Knut Schelenz

Kurzer Durchblick: 216 136 und 216 144 am Hafen in Holzminden (15.7.2003)

Foto: Frank Bachmann

Zyklop in der Fränkischen Schweiz: Das bekannte „Tunnelquartett" bei Velden (16.9.1997)

Foto: Frank Bachmann

Begegnung am Tunnelmund: Enzweiler-Tunnel bei Idar-Oberstein (Aus 218 367 mit RE 3431/Im Tunnel 218 mit RE 3422, 23.11.1998)

Foto: Knut Schelenz

Tunnelreicher Gebirgscharakter im Nahetal (798 am Großen und Kleinen Norheimer Tunnel, 15.2.1983)

Foto: Knut Schelenz

RE16 Essen
425 583-2
DB

◀ Neue Formen in alten Mauern: Die Baureihe 425/435 hat seit 2001 den Regionalverkehr in Nordrhein-Westfalen fast flächendeckend erneuert – hier am Sieseler Tunnel an der Ruhr-Sieg-Strecke bei Plettenberg (27.3.2002)

Foto: Malte Werning

▶ Eigentlich gar nicht gruselig: Modellbahn-Ambiente in Frankenstein (Pfalz) mit Rhein-Neckar-S-Bahn (30.5.2004)

Foto: Knut Schelenz

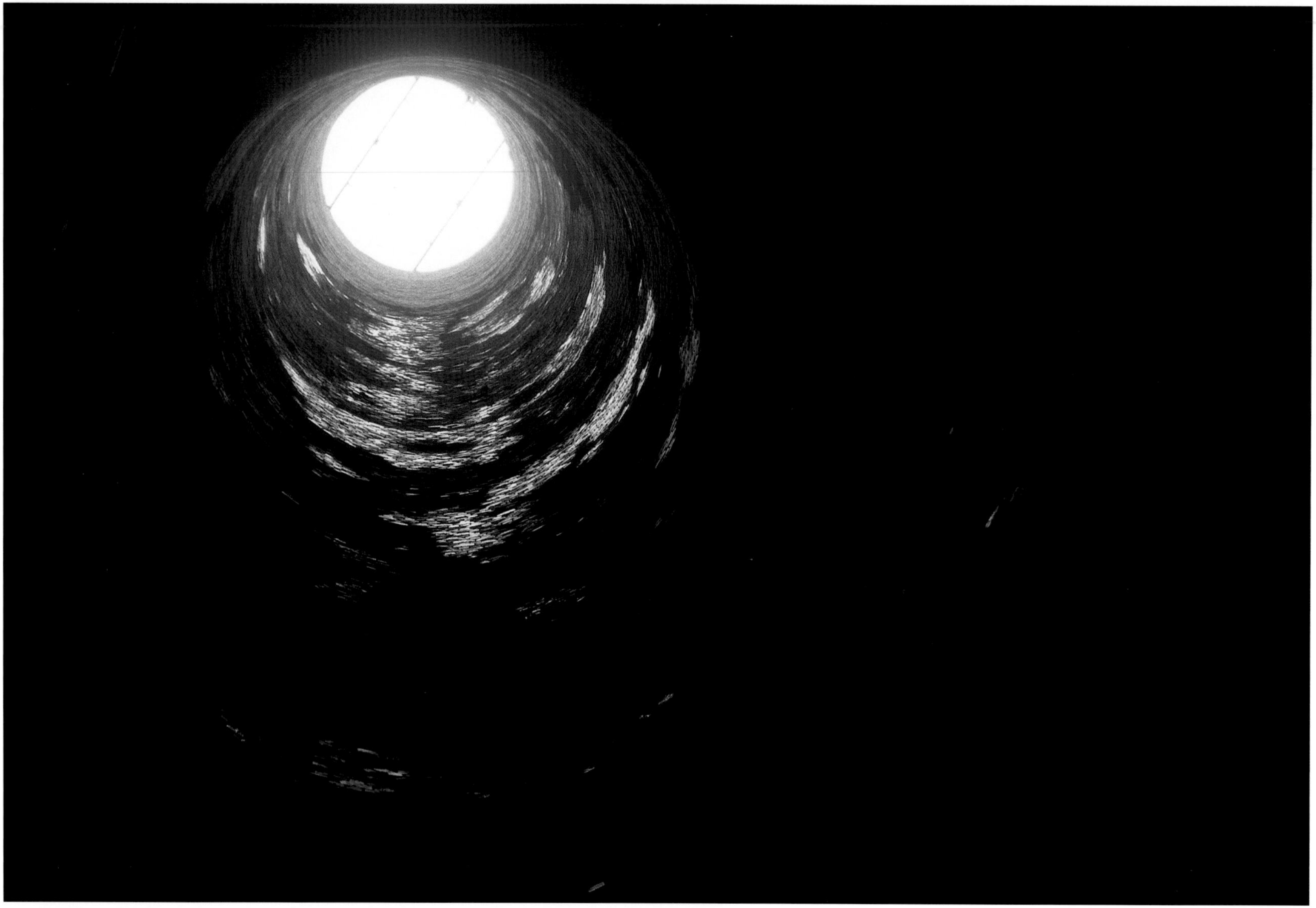

Tageslicht mitten im Berg: Entlüftungsschacht zum Distelrasen im 3575 Meter langen Schlüchterner Tunnel (4.8.1998)

Foto: Knut Schelenz

Auf Kontrollgang: Prüfender Blick im Entlüftungsschacht des Schlüchterner Tunnel (4.8.1998)

Foto: Knut Schelenz

Warten im Schotter des einst zweiten Gleises (Tunnel bei Meisenheim im Glantal, 22.4.1989)

Foto: Knut Schelenz

Die Ausmauerung ist die Ausnahme: Nackte Felshöhle im Förtha-Tunnel bei Eisenach (22.2.1996)

Foto: Knut Schelenz

◄ Heute Vorschrift, damals schon verwirklicht: Die zwei eingleisigen Röhren des Kirchheimer Tunnel bei Lauffen im Neckartal (111 038 mit D 791, 16.3.1982)

Foto: Joachim Seyferth

► Pünktlicher Weihnachtsschnee im Spessart (Schwarzkopf-Tunnel bei Heigenbrücken, 23.12.1986)

Foto: Joachim Seyferth

◀ Der benachbarte Bruder des Loreley-Durchstichs: Alte und neue Röhre der Rossstein-Tunnels bei Kaub
(601 als Dt 13417, 17.2.1985)

Foto: Knut Schelenz

▶ Gedeckte Winterfarben am Rhein
(Lufthansa-403 am Bett-Tunnel, 20.2.1985)

Foto: Knut Schelenz

Röhren in der Röhre (Loreley-Tunnel, 20.9.1986)

Foto: Joachim Seyferth

Das „Felsentor" bei Regensburg: Kleinster Tunnel oder „nur" eine Felsbrücke? (194 196 mit Dg 54131, 26.4.1986)

Foto: Joachim Seyferth

Durchblick im Schwarzwald (185 166 als Lz Richtung Hausach bei Niederwasser, 24.8.2005)

Foto: Dr. Heinrich Baumann

Kühle Sommerschatten am Burg-Tunnel im Brexbachtal (213 335 als Lz zwischen Engers und Grenzau, 6.7.1994)

Foto: Joachim Seyferth

Pseudo-Tunnel unter Hochbelastung: Lokzug (290/216/216) nach Heringen unterquert die Hauptstrecke Gerstungen – Bebra (9.6.2000)
Foto: Frank Bachmann

Fast nahtloser Übergang Tunnel/Brücke an der Mosel bei Pünderich (181 206 mit N 7446 am Prinzenkopf-Tunnel, 22.9.1988)

Foto: Joachim Seyferth

Aus dem Schutzregelheft 23 „Verhalten in Tunneln"
(Deutsche Bundesbahn 1959)

Nähert sich ein Zug, so suche **sofort die nächste Nische** auf. Im Nachbargleis darfst Du auf keinen Fall stehen bleiben, denn einen in diesem Gleis herannahenden Zug kannst Du meistens nicht sehen und durch den Lärm des anderen vorbeirollenden Zuges auch nicht hören.

Die **Richtungspfeile an der Tunnelwand** weisen Dir die Richtung, in der Du auf kürzestem Wege zur nächst erreichbaren Nische gelangen kannst.

Verlasse die Nische erst wieder auf Zuruf des Aufsichtführenden.

Wirst Du **von einem Zug überrascht** und kannst Du eine Nische nicht mehr erreichen, so wirf Dich an der Tunnelwand neben den Schwellenköpfen so hin, **daß Du mit dem Gesicht nach unten gegen die Fahrtrichtung des Zuges** zu liegen kommst. Deine Kleidung, die Du im Tunnel immer geschlossen tragen mußt, kann dann nicht aufgewirbelt und vom Zuge erfaßt werden.

Die Tunnelrotten sollen wegen der größeren Gefahr in Tunneln **möglichst zusammengehalten werden.** Beachte dies zu Deiner eigenen Sicherheit und halte Anschluß. Von der Rotte **darfst du Dich nur** mit Zustimmung des Aufsichtführenden entfernen.

Entfernst Du Dich **von der Rotte,** so verständige vorher auch den Sicherungsposten, wenn Du fortgehen willst, und verständige ihn auch, wenn Du wieder zurückgekommen bist.

6

Die Klassischen

Der klassische Eisenbahntunnel ist dunkel, muffig und furchteinflößend. Meist fernab jeder Ortschaft versteckt er sich in einsamem und eingeschnittenem Gelände zwischen Bäumen und Buschwerk und verströmt eine geheimnisvolle Stille, die von unerbittlich herabfallenden Wassertropfen noch potenziert wird. Bemoost und verwittert ist sein Mauerwerk, von Eisenbahnstaub patiniert sein Namensschild. Und seine Portale mit ihren üppigen Verzierungen, gemeißelten Inschriften, burgengleichen Zinnen und Türmchen sind nichts weniger als steinalte Empfangsgebäude für die demütige Fahrt ins Ungewisse und ins neue Licht.

◄ Darum ist es am Rhein so schön: Blick vom Loreleyfelsen auf die Linke Rheinstrecke mit Bett-Tunnel und typischem Schnellzug der Jahrtausendwende (101 mit EC 106, 20.6.1998)

Foto: Knut Schelenz

► Schwarzwaldbahn pur! Diesellok-Klassiker am Losbach-Tunnel zwischen Triberg und Hornberg
(E 683 Konstanz – Offenburg, 1.5.1967)

Foto: Ludwig Rotthowe

◄ Bescheidenheit und Prunk auf der Moselstrecke: Das majestätische Südportal des Kaiser-Wilhelm-Tunnel und die „Benzinschaukel“ nach Traben-Trarbach

(798 706 als N 8446, 12.5.1988)

Foto: Joachim Seyferth

► Tunnelburg am Rotenfels bei Bad Münster am Stein

(Großer Norheimer Tunnel, 23.9.1997)

Foto: Joachim Seyferth

Brummende Röhre (798 am Westportal des Zierenberger Tunnel, 23.7.1990)

Foto: Frank Bachmann

Ende einer langen Tunnelfahrt: Ostportal des 1050 Meter langen Marienthaler Tunnel auf der Strecke Au – Altenkirchen (216 221, August 1996)

Foto: Heiko Ernst

Lautlose Annäherung: 628 am Laurenburger Tunnel auf der Lahntalbahn (3.4.1990)

Foto: Dierk Offenberg

Eisenbahn-Geschichte im Sauerland: Tunnel der abgebauten Strecke Finnentrop – Wenholthausen an der Ruhr-Sieg-Strecke bei Finnentrop (14.5.1995)
Foto: Frank Bachmann

Nach zwei Stunden trockener Tunnelinspektion wieder am (feuchten) Tageslicht: Die Cochemer Tunnelgänger am Südportal des „KWT“ (27.5.1984)

Foto: Knut Schelenz

Tunneldampf im Sauerland: 86 319 mit Personenzug aus Brilon Stadt am Elleringhauser Tunnel (28.3.1964)

Foto: Ludwig Rotthowe

◀ Zwischen Dampflokzeit und Elektrifizierung: Falschfahrt eines Güterzuges von Hagen am Sieseler Tunnel bei Plettenberg; im Tunnel Arbeiten zur Absenkung des gesperrten Gleises (50 978, April 1962)

Foto: Ludwig Rotthowe

► Die Mode zu Zeiten von Led Zeppelin und Dampf-Ende: Der Bildautor nach durchwachter Nacht mit Radio-Rekorder und der Ton-Ausbeute stampfender 44er auf der Mosel-Bergstrecke am Kinderbeuerner Tunnel (15.9.1973)

Foto: Knut Schelenz

◄ Eisenbahn-Archäologie entlang klassischer Verkehrswege auf dem Distelrasen: Oberirdischer Teil des Entlüftungsschachtes vom Schlüchterner Tunnel (4.8.1998)

Foto: Knut Schelenz

► Schnellfahrlok und langsame Verwitterung (Ostportal Schlüchterner Tunnel, 4.8.1998)

Foto: Joachim Seyferth

Neuzeitlicher Hochbetrieb am Westportal des ehemals zweitlängsten deutschen Eisenbahntunnels (Schlüchterner Tunnel, 3575 m, 29.9.2000)

Foto: Frank Bachmann

Gleißendes Licht am Ende des Tunnels: 151 161 mit Kesselwagenzug verlässt das Portal des Schwarzkopf-Tunnel im Bahnhof Heigenbrücken (18.4.2003)

Foto: Ferdinand von Rüden

30 Jahre nach dem letzten Personenzug: Tunnel der „Carlsbahn" Hümme – Bad Karlshafen bei Wülmersen (19.9.1996)

Foto: Jörg Reitemeyer

Schwarz-Weißes Tunnelmärchen an der Rhönbahn Fulda – Hilders (Westportal Milseburger Tunnel, 12.12.1981)

Foto: Joachim Seyferth

Zutritt nur für Fledermäuse: Das frisch restaurierte Westportal des Frieda-Tunnel der ehemaligen „Kanonenbahn“ Metz – Koblenz – Berlin (18.5.1990)

Foto: Stephan Ernst

Eine ehemalige Magistrale wird zugemauert: Ostportal des Frieda-Tunnel in der Nähe des ehemaligen deutsch/deutschen Grenzgebietes (18.5.1990)

Foto: Stephan Ernst

Eisiger Empfang am Rhein: 110 112 mit D 700 beim Verlassen des Bett-Tunnels zwischen Oberwesel und St. Goar (21.1.1985)

Foto: Knut Schelenz

Zwischen zwei Tunnels und zwei Zügen: Streckenläufer am Bett-Tunnel zwischen Oberwesel und St. Goar (110 222 mit D 701, 9.7.1982)
Foto: Knut Schelenz

Ein Strom und vier Gleise: Frühling am Kammereck-Tunnel zwischen Oberwesel und St. Goar (403 als TEE 1004, 24.4.1992)

Foto: Joachim Seyferth

Majestätisches Ensemble auf der Cochemer Seite des Kaiser-Wilhelm-Tunnel (Schienenbus-Sonderfahrt am Nordportal mit Belüftungsanlage, Sommer 1979)

Foto: Knut Schelenz

Tunnelrelikt der Dampflokzeit über einsamen Moselbergen: Belüftungsschacht des Kaiser-Wilhelm-Tunnel (1.10.1989)

Foto: Knut Schelenz

Fertigmachen zum Einsatz in der Röhre: Der Cochemer „Tunnelzwerg“ auf der Drehscheibe im heimatlichen Bahnbetriebswerk (Sommer 1973)

Foto: Knut Schelenz

◄ Schwarze Abschnitte auf der Schwarzwaldbahn: 220 033 vor E 3895 zwischen dem 1. und dem 2. Glasträger-Tunnel bei Niederwasser (15.9.1973)

Foto: Dr. Heinrich Baumann

► Auch im Spessart gab es Krokodile. Ihre Aufgabe bestand darin, schwere Güterzüge über das Mittelgebirge zu bringen und diese zwischen Laufach und Heigenbrücken sogar nachzuschieben – so wie hier 194 583, die nach ihrem Schubdienst am Nordportal des Schwarzkopf-Tunnel auf die rollende Rückfahrt ins Tal wartet. (Heigenbrücken, 9.9.1982)

Foto: Joachim Seyferth

Nächste Doppelseite:

„Ich will hier rein“ – „Ich will hier raus“: Außen- und Innenansicht des Hasselborner Tunnel (1300 m) zwischen Grävenwiesbach und Brandoberndorf zu Zeiten der vorübergehenden Stilllegung und Nutzung als Fledermausquartier. Heute fahren hier wieder Züge, diesmal von der Frankfurt-Königsteiner-Eisenbahn (FKE). (11.7.1996)

Fotos: Joachim Seyferth

73
0
F
Q
194 583-1
SCHWARZKOPF
LANGE 930

1910-12

Pause im Tageslicht: Tunneluntersuchungstriebwagen 711 001 im Bahnbetriebswerk Wiesbaden (14.8.1981)

Foto: Joachim Seyferth

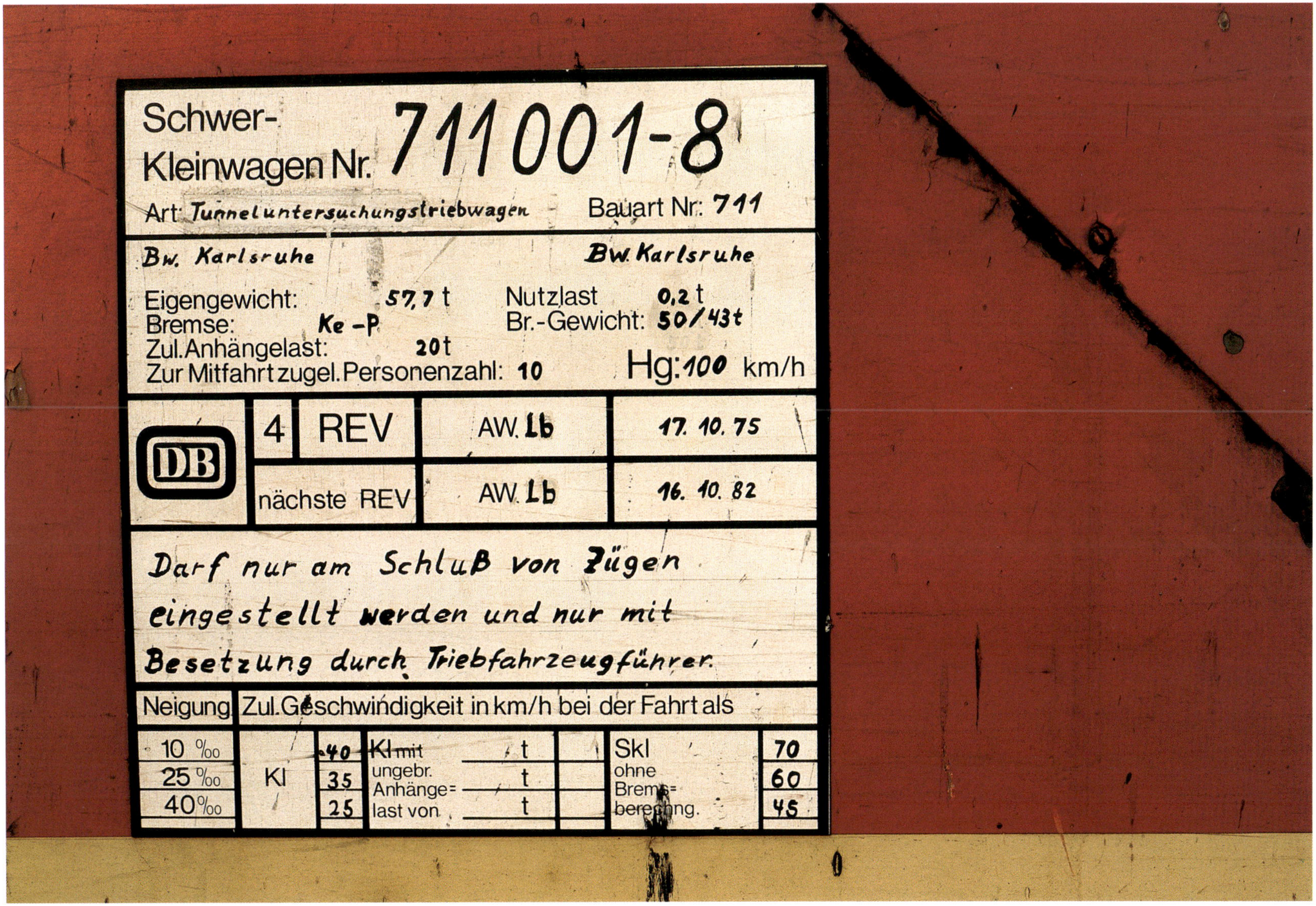

Anschriftentafel mit hohem Informationsgehalt (14.8.1981)

Foto: Joachim Seyferth

Noch im Ursprungsrot: Tunneluntersuchungswagen 712 001 im Bahnhof Singen (Hohentwiel) (1.6.1977)

Foto: Malte Werning

A wie Abenteuer: Nordportal des Krähberg-Tunnel im Odenwald – mit 3110 Metern der längste eingleisige Tunnel Deutschlands (16.12.1992)

Foto: Knut Schelenz

BANKTUNNEL
367 m
DB
103 197-0
F

◀ Rhein-Festung am Gleis: Bank-Tunnel bei St. Goar mit Intercity-Klassik der Achtzigerjahre (IC 505, 12.2.1986)

Foto: Joachim Seyferth

► Im Keller zwei Eisenbahntunnel: Städtische Untergrundbahn mit Dieselbetrieb am doppelten Weyersberger Tunnel in Solingen (212 mit N 5274, 17.4.1982)

Foto: Joachim Seyferth

Aus dem Schutzregelheft 23 „Verhalten in Tunneln“
(Deutsche Bundesbahn 1959)

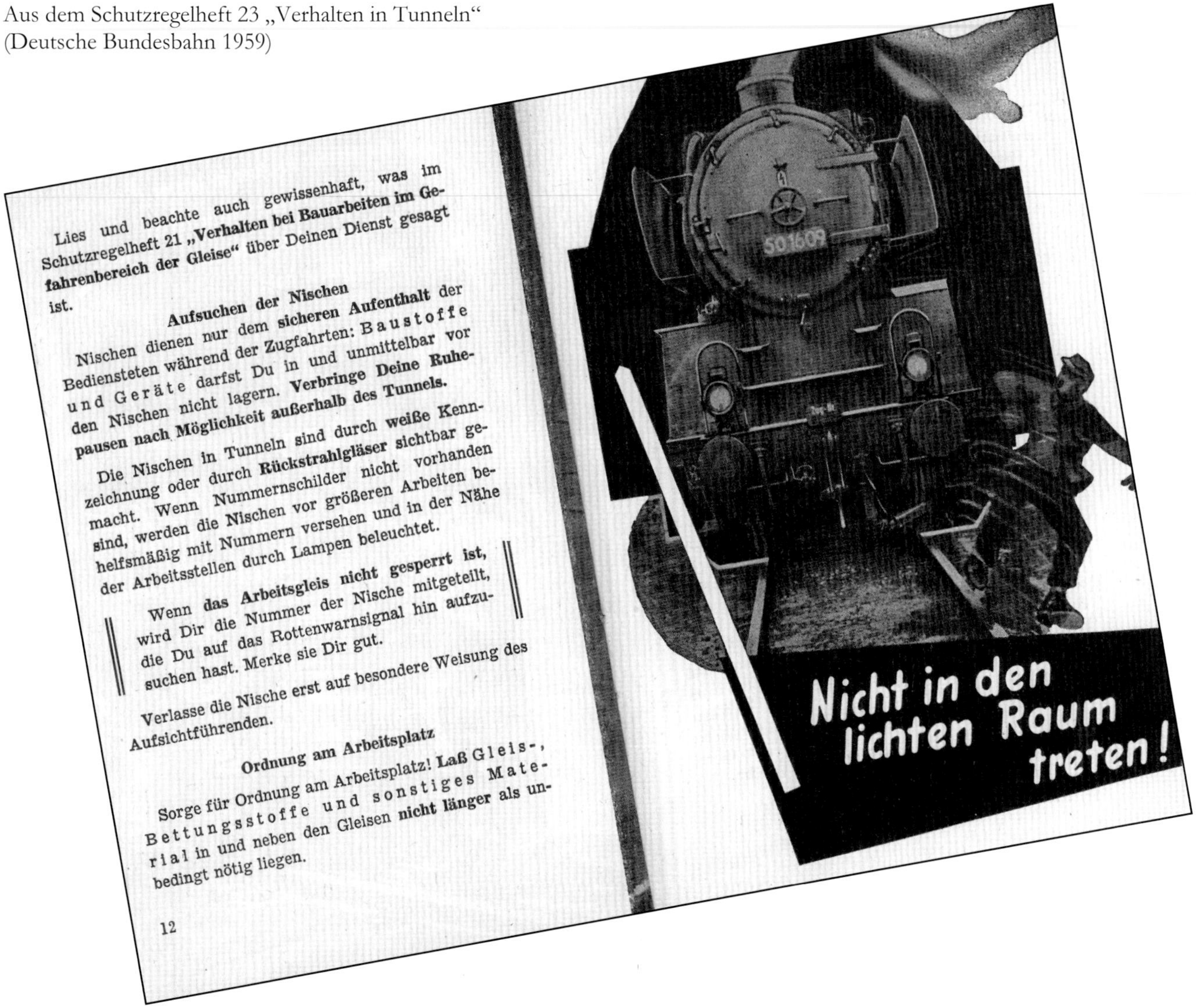
Lies und beachte auch gewissenhaft, was im Schutzregelheft 21 „**Verhalten bei Bauarbeiten im Gefahrenbereich der Gleise**“ über Deinen Dienst gesagt ist.

Aufsuchen der Nischen

Nischen dienen nur dem **sicheren Aufenthalt** der Bediensteten während der Zugfahrten: Baustoffe und Geräte darfst Du in und unmittelbar vor den Nischen nicht lagern. **Verbringe Deine Ruhepausen nach Möglichkeit außerhalb des Tunnels.**

Die Nischen in Tunneln sind durch **weiße** Kennzeichnung oder durch **Rückstrahlgläser** sichtbar gemacht. Wenn Nummernschilder nicht vorhanden sind, werden die Nischen vor größeren Arbeiten behelfsmäßig mit Nummern versehen und in der Nähe der Arbeitsstellen durch Lampen beleuchtet.

Wenn **das Arbeitsgleis nicht gesperrt ist,** wird Dir die Nummer der Nische mitgeteilt, die Du **auf** das Rottenwarnsignal hin aufzusuchen hast. Merke sie Dir gut.

Verlasse die Nische erst auf besondere Weisung des Aufsichtführenden.

Ordnung am Arbeitsplatz

Sorge für Ordnung am Arbeitsplatz! **Laß** Gleis-, Bettungsstoffe und sonstiges Material in und neben den Gleisen **nicht länger** als unbedingt nötig liegen.

12

Die Neuen

Die Zukunft der Eisenbahnen liegt unterirdisch. Allerorten werden Tunnel gebaut oder projektiert, sei es bei urbanen Verkehrs-Systemen, als Durchstich durch die Basis großer Gebirge oder auf den Landschaftslinealen der Schnellfahrstrecken. Die Neuen sind uniform statt individuell, hell statt dunkel, großzügig statt eng und vor allem möglichst lang statt möglichst kurz. Keine Nischen, keine Geheimnisse, kein Aroma aus Berg und Schwellenteer. Symptomatisch, weil von der Autogesellschaft erzwungen, ist ihre hier überdehnte Sicherheitsphilosophie aus dem Straßentunnel: Fluchtwege, Notausstiege, Rettungsplätze. Zukunft?

DB
103 227-5
Rollenberg-T.
Länge 3303 m
A
79
25

◀ Erst als die Schnellfahr-Legende 103 schon in die Jahre kam, wurden die Strecken fertiggestellt, auf denen sie ihr Tempo hätte ausfahren können. Und so währte ihr Einsatz beispielsweise auf der tunnelreichen Schnellfahrstrecke Mannheim – Stuttgart, wo man üblicherweise einen ICE erwartet, auch nur wenige Jahre.

(IC 118 „Alpenland" bei Bruchsal, 27.7.2002)

Foto: Dr. Heinrich Baumann

▶ Fahrleitungstunnel vor dem Tunnelkragen: 103 170 mit EC 13 „Paganini" Dortmund – Verona am Simonsweingarten-Tunnel bei Oberacker im Kraichgau

(Schnellfahrstrecke Mannheim – Stuttgart, 14.1.2001)

Foto: Dr. Heinrich Baumann

◄ Post-Postkutschenzeitalter im Sinntal: Südportal des Landrücken-Tunnel bei Mottgers (ICE 587, 4.6.1996)

Foto: Joachim Seyferth

► Sekundenkurzer Hochbetrieb am Südportal des Schulwald-Tunnel bei Wiesbaden-Breckenheim. Der mit 4500 Meter längste Tunnel der Schnellfahrstrecke Köln – Rhein/Main wurde zwischen 1998 und 2002 erbaut, am 10. Juli 2000 durchschlagen und hat 480.000 Kubikmeter Konstruktionsbeton sowie 135.000 Spritzbeton verschlungen. (21.2.2003)

Foto: Joachim Seyferth

2

Fotomotiv mitten im Siebengebirge: Die „Heilige Barbara“, Schutzpatronin der Tunnelbauer, im Aegidienberg-Tunnel der SFS Köln – Rhein/Main (16.6.1999)
Foto: Wolfgang Clössner

Neue Rundlichkeit: Taurus der Wiener Lokalbahnen AG mit Containerzug aus Wien auf der Neubaustrecke „Eggequerung" (18.3.2004)

Foto: Frank Bachmann

Wegweiser im ICE-Zeitalter (Niedernhausen, 29.5.1997)

Foto: Joachim Seyferth

Feiertäglicher Neubaustrecken-Tourismus an der Kalotte des Hellenberg-Tunnel bei Niedernhausen (29.5.1997)

Foto: Joachim Seyferth

◄ Düstere und nüchterne Sicherheitsphilosophie in den Katakomben der Metropole: Spiegelbild der S-Bahn Rhein/Main in Frankfurt Hbf (tief) (29.10.1994)

Foto: Joachim Seyferth

► Wandern im Wandersmann-Tunnel oder: Tag der offenen Baugrube. Mitten in der Bauphase der Schnellfahrstrecke Köln – Rhein/Main bekam die interessierte Öffentlichkeit die Gelegenheit, Technik und Stand der Bauarbeiten in den beiden eingleisigen Röhren des Wandersmann-Tunnel bei Wiesbaden-Nordenstadt zu beobachten. (22.10.1999)

Foto: Joachim Seyferth

Restlicht-Kontraste (Arbeitsgerüst im Schaippach-Tunnel bei Gemünden am Main, 23.10.1983)

Foto: Joachim Seyferth

Neigezug-Fahrt (noch) durchs Mainzer Nadelöhr, rechts die Baustelle der zweiten Tunnelröhre (611 549/546 als RE 3423, 20.4.1998)

Foto: Knut Schelenz

◄ Schnellfahrstrecken-Monolith im Taunus
(Südportal Hellenberg-Tunnel, 24.9.2000)

Foto: Joachim Seyferth

► Der längste Tunnel Deutschlands – und doch nur das genormte Namensschild der „Neuen Bahn". Der monumentalste Kunstbau der zwischen 1973 und 1988 gebauten Schnellfahrstrecke Hannover – Würzburg befindet sich zwischen den Ortschaften Kalbach im Norden und Mottgers im Süden und unterquert den so genannten „Landrücken", der in diesem Bereich die Wasserscheide von Rhein und Weser bildet. Das hier gezeigte Nordportal ist mit 380 Meter über Normalnull (NN) gleichzeitig der Kulminationspunkt der gesamten Schnellfahrstrecke Hannover – Würzburg. Nach der Fertigstellung löste das Bauwerk den Kaiser-Wilhelm-Tunnel (4205 m) bei Cochem als längsten Normalspurbahn-Tunnel Deutschlands ab. (7.8.1997)

Foto: Joachim Seyferth

ATAC
Arbeitsgemeinschaft
Tunnel Baulos A und C
ALPINE
ILBAU
Beton u. Monierbau
G. HINTERE
HANNELORE - TUNNEL
ANSCHLAG 8.10.97
ÖSTU TUNNELBAU GMBH

◀ Winzling Mensch vor den Monumentalbauten der Verkehrsmoderne: Herr Strohkaier, Tunnelbauer aus Österreich, in seinem Radlader am Südportal des mit 4500 Metern längsten Tunnels der Schnellfahrstrecke Köln – Rhein/Main.
(Wiesbaden-Breckenheim, 14.2.1998)

Foto: Joachim Seyferth

▶ Nicht nur in jüngster Zeit, sondern bereits Anfang der Sechzigerjahre wurden tunnelreiche Neubaustrecken errichtet: Zwischen Finnentrop und Olpe wurde im Rahmen des Baus der Biggetalsperre ein Teil der Strecke neu trassiert und erhielt neue Tunnel, die mit ihrem Querschnitt sogar Platz für eine damals angedachte Elektrifizierung bieten. Im 1156 Meter langen Bausenberg-Tunnel verteilen sich aber weiterhin die Abgase der hier besonders sonor brummenden Dieselfahrzeuge. (23.5.1984)

Foto: Joachim Seyferth

Fast bereit für den Innenausbau: Niederpleis-Tunnel der Schnellfahrstrecke Köln – Rhein/Main bei Siegburg (27.7.1999)

Foto: Jürgen Ludwig

Tunnelbau ist gefährlich – auch im Jahre 1997! (Schnellfahrstrecke Köln – Rhein/Main bei Niedernhausen, 14.9.1997)

Foto: Joachim Seyferth

Urbanes Tunnelleben mit Kronleuchter: S-Bahn-Station Offenbach-Marktplatz (9.7.1997)

Foto: Joachim Seyferth

Nicht nur Post-Rolf ist leicht durchschaubar (Tunnelstation Frankfurt-Lokalbahnhof, 25.6.1993)

Foto: Joachim Seyferth

Tribut an Anwohner-Proteste gegen die Eisenbahn: Der in offener Bauweise errichtete und 5380 Meter lange Pfingstberg-Tunnel bei Mannheim (1978)

Foto: Deutsche Bundesbahn

Die letzten Tage des alten Tunnelportals: Neue Tunnelröhre im Grauer Stein-Tunnel an der Ländchesbahn Wiesbaden – Niedernhausen (20.3.2000)

Foto: Joachim Seyferth

DYWIDAG

◀ Tag der offenen Tür in der Baugrube: Besichtigung der gewaltigen Vortriebs-Einrichtung im Wandersmann-Tunnel am Abzweig der Schnellfahrstrecke Köln – Rhein/Main nach Wiesbaden (Wallau, 22.10.1999)

Foto: Joachim Seyferth

▶ Baggern in der Tunnel-Kathedrale: Ulmenstollen-Vortrieb im Siegauen-Tunnel bei Siegburg (7.7.1999)

Foto: Jürgen Ludwig

Viereinhalb Kilometer in 57 Sekunden: Tempo 300 auf der Schnellfahrstrecke Köln – Rhein/Main (ICE 1053, 30.9.2002)

Foto: Joachim Seyferth

Elliptische Lichtspiele am Tunnel-Rohbau (Südportal des Hellenberg-Tunnel an der Schnellfahrstrecke Köln – Rhein/Main bei Niedernhausen, 31.10.1999)

Foto: Joachim Seyferth

◄ Der Tunnelbauer

Baustelle Wandersmann-Tunnel der ICE-Schnellfahrstrecke Köln – Rhein/Main bei Wallau; im Hintergrund „Tübbing“ genannte Fertigbetonsegmente für die Tunnelverschalung (22.10.1999)

Foto: Joachim Seyferth

► Funkenregen im Rohbau (Siegauen-Tunnel bei Siegburg, 27.7.1999)

Foto: Jürgen Ludwig

Pfeilschnell in den Berg (ICE 1060 am ersten öffentlichen Betriebstag der Schnellfahrstrecke Köln – Rhein/Main, Südportal Hellenberg-Tunnel, 1.8.2002)

Foto: Joachim Seyferth

Dreißig Mal langsamer als der ICE: Fahrradtour durch den Hellenberg-Tunnel bei Niedernhausen (Schnellfahrstrecke Köln – Rhein/Main) (24.9.2000)

Foto: Joachim Seyferth

Aus dem Schutzregelheft 23 „Verhalten in Tunneln“
(Deutsche Bundesbahn 1959)

Um in Notfällen das Niederwerfen an der Tunnelwand zu ermöglichen, dürfen Bau- und Bettungsstoffe an einzelnen Stellen zwischen den Nischen nicht höher als bis Schwellenoberkante gelagert werden.

Arbeiten auf Tunneluntersuchungswagen

Die Untersuchungsbühne von Tunneluntersuchungswagen darfst Du erst dann betreten, wenn auf der Bühne Geländer angebracht sind. Ist eine **elektrische Fahrleitung** vorhanden, dann darfst Du die Untersuchungsbühne erst dann betreten **wenn die Fahrleitung** ausgeschaltet sowie **vorschriftsmäßig geerdet ist** und der Aufsichtführende den Auftrag für das Betreten der Bühne erteilt hat.

Halte **von allen unter Spannung stehenden Teilen** der Fahrleitung und der Stromabnehmer elektrischer Triebfahrzeuge — auch mit Geräten, Werkzeugen und Werkstücken — nach allen Richtungen einen **Sicherheitsabstand von wenigstens 1,5 m ein.**

Halte Dich nur während der Untersuchung auf der Bühne auf und **fahre sie nur so weit aus,** daß beim Arbeiten auf dem Wagen oder beim Vorbeifahren niemand auf einem Nachbargleis gefährdet werden kann. Seitliche Untersuchungsstände darfst Du nur nach **der Seite ausklappen,** auf der kein Zugverkehr möglich ist.

14

Die zwischen Nord und Süd

Wie eine eiserne Klammer verbindet der unscheinbare Abschnitt Flieden – Gemünden der „alten" Nord-Süd-Strecke die obere und untere Hälfte Deutschlands, seit Ende der Achtzigerjahre freilich flankiert von der flinken Spange der mehr oder weniger parallelen Rennstrecke. Im Märchenland zwischen Spessart und Rhön verschlucken sieben Kunst-Bauten ihre Züge und offenbaren an jedem Ausgang eine neue Welt: Am Ruppertsberg-Tunnel der Eintritt nach Bayern, zwischen Ebertsberg- und Brandenstein-Tunnel eine der schönsten Schienenkurven, am Sterbfritz-Tunnel der buchstäbliche Höhepunkt alter Nord-Süd-Klassik.

DB
152 015-4

◀ Wettkampf zwischen Licht und Schatten am späten Nachmittag: Drehstrom-Kanten an den Rundungen des Ebertsberg-Tunnel bei Elm (24.9.2003)

Foto: Joachim Seyferth

► Kunstbau im wahrsten Sinne des Wortes: Burgeinfahrt am Nordportal des Ebertsberg-Tunnel (152 098, 4.4.2003)

Foto: Joachim Seyferth

◄ Frühlingsmorgen an der Nord-Süd-Strecke mit Drehstrom-Begegnung (Sterbfritz-Tunnel, 17.4.2003)

Foto: Joachim Seyferth

► Als die klassische Nord-Süd-Strecke noch „schnell" war: 103 238 mit IC 681 am Südportal des Ruppertsberg-Tunnel bei Jossa (8.4.1986)

Foto: Joachim Seyferth

1960
TUNNEL

Letzte Sommersonne am Brandenstein-Tunnel (Nord-Süd-Strecke bei Elm, 152 004 mit KC 62700, 25.7.2003)

Foto: Joachim Seyferth

Nord-Süd-Klassik bei Elm: Burg Brandenstein und die legendäre 103 mit Fernschnellzug (103 218 mit FD 1982 am Südportal des Ebertsberg-Tunnel, 12.4.1991)
Foto: Joachim Seyferth

◀ Mittlerweile sind selbst auf der Nord-Süd-Strecke zumindest tagsüber die Güterzugpausen leider so groß geworden, dass für den Turmtriebwagen genügend Zeit bleibt, mittels Sperrfahrt die Fahrleitungsanlagen zu inspizieren.

(702 125 am Nordportal des Ebertsberg-Tunnel, 25.4.2002)

Foto: Joachim Seyferth

▶ Fahrt in die Sonne (Brandenstein-Tunnel, 29.4.1995)

Foto: Joachim Seyferth

DB
152 042-8

◄ Ganzzug 62700 von Sindelfingen nach Bremerhaven mit der Konkurrenz am Brandenstein-Tunnel (4.6.2002)

Foto: Joachim Seyferth

► Rundungen bei Lok und Tunnel: Taurus-Tempo am Südportal des Brandenstein-Tunnel (182 025, 4.6.2002)

Foto: Joachim Seyferth

Neuwagen an historischen Mauern (Nordportal des Brandenstein-Tunnel [151 m] an der Nord-Süd-Strecke zwischen Vollmerz und Elm, 25.7.2003)

Foto: Joachim Seyferth

Rauschen im Walde, Zirpen in den Schienen: Hochspannung im Ebertsberg-Tunnel (152 047 am Südportal, 12.6.2003)

Foto: Joachim Seyferth

Zugbegegnung (Südportal des Brandenstein-Tunnel an der Nord-Süd-Strecke zwischen Vollmerz und Elm, 16.4.1996)

Foto: Joachim Seyferth

Tunnelscheibe und Tunnelröhre (151 027 im Ziegenberg-Tunnel bei Altengronau, 8.8.1996)

Foto: Joachim Seyferth

Güterwagen-Klassik am Südportal des Sterbfritz-Tunnel (15.6.1991)

Foto: Joachim Seyferth

Schnell-Zug (112 488 mit D 783 am Nordportal des Ramholz-Tunnel zwischen Vollmerz und Sterbfritz, 20.10.1982)

Foto: Joachim Seyferth

◀ Auch Tunnel kommen in die Jahre: Am Anfang einer Langsamfahrstelle am Südportal des Ebertsberg-Tunnel (Elm, 22.3.1994)

Foto: Joachim Seyferth

▶ Für viele Züge von Süd nach Nord der erste Tunnel im Mittelgebirge von Rhön und Spessart: Der Rieneck-Tunnel bei Gemünden am Main, mittlerweile sogar Bestandteil der Schnellfahrstrecken-Abzweigung Burgsinn – Gemünden. (151 mit Schnellgüterzug nach Norden, 8.6.1991)

Foto: Joachim Seyferth

49
8

Aus dem Schutzregelheft 23 „Verhalten in Tunneln“
(Deutsche Bundesbahn 1959)

Die Untersuchung mußt Du **unterbrechen,** wenn auf dem Nachbargleis ein Zug vorbeifährt. Auch darfst Du vom Untersuchungswagen aus während der Fahrt das Tunnelgewölbe nicht mit dem Sondiereisen untersuchen.

Besonderheiten

Arbeitszüge und Kleinwagen dürfen im gesperrten Gleis nicht bewegt werden, wenn im **Nachbargleis ein Zug vorbeifährt oder solange die Sicht durch den Qualm behindert wird.**

Azetylenfackeln mußt Du vor Betreten des Tunnels entzünden. Achte auch darauf, daß gelöschte Azetylenfackeln nicht im Tunnel verbleiben.

Azetylenentwickler darfst Du im Tunnel weder reinigen noch füllen. Auch Brenner mußt Du außerhalb des Tunnels reinigen.

Bringe **Karbidtrommeln** nicht in den Tunnel.

Beachte auch die vom Betriebsamt oder von der Bundesbahndirektion im Einzelfall **zusätzlich angeordneten Sicherungsmaßnahmen.** Auch sie dienen Deinem Schutz.

Begehst Du verlassene Tunnel oder Stollen, so benutze nach Möglichkeit eine **explosionsgeschützte elektrische Handlampe.** Sonst darfst Du eine normale elektrische Handlampe nur außerhalb des Tunnels oder Stollens ein- und ausschalten, um jede Zündungsgefahr explosibler Gase auszuschließen.

16

Die Kleinigkeiten

So ein Tunnel ist ein großes Ding. Eine lange Röhre mit zwei wuchtigen Portalen und das war's. Und doch finden sich auch hier die alles entscheidenden Kleinigkeiten, die noch im Tageslicht oder im nur temporär gestörten Schwarz an den Mauern kleben: die Schilder für Namen und Länge, der historische Ruß aus der Dampflokzeit, ein Eiskratzer gegen gefrorene Bergwasserstalaktiten, die Stahlgeweihe zur Befestigung des Stroms. Und natürlich die Nischen für Tunnelmenschen und Zwergsignale, die klapprigen Platten auf schmalem Randweg. Das wichtigste Detail jedoch ist nur zu spüren: Man selbst wird zur Kleinigkeit.

◄ Stolze Jahreszahl im Odenwald: Tunneldetail am Haltepunkt Weinheim Tal (2.8.1986)

Foto: Joachim Seyferth

► Ob die Eifel-Eule auf dem Philippsheimer Tunnel die heimische Vogelwelt oder den scharfäugigen Zugbeobachter vertritt, ist nicht überliefert – dann wird wohl beides der Fall sein! (30.4.1984)

Foto: Joachim Seyferth

Kühlende Tunnelluft in sengender Sommerhitze (Förtha-Tunnel bei Eisenach, 28.8.1992)

Foto: Knut Schelenz

In jeder Hinsicht erhaben: Der Adler des Kaiser-Wilhelm-Tunnels in der Dampfschleppe eines soeben ausgefahrenen Güterzuges (Südportal bei Eller, 1972)

Foto: Knut Schelenz

◀ Da ist sie endlich, die Zufluchtsstätte und wichtigste „Kleinigkeit“ für jeden Tunnelgänger. Und diese Nische ist sogar beleuchtet; mehr Komfort auf einem Quadratmeter im Fels geht kaum! (Prinzenkopf-Tunnel bei Bullay, 19.5.1985)

Foto: Joachim Seyferth

▶ Sommerschlaf des Eiskratzers
(Bronnbacher Tunnel im Taubertal, 1996)

Foto: Andreas Kistner

Illuminierte Geisterbahn im Kaiser-Wilhelm-Tunnel (1.11.1987)

Foto: Joachim Seyferth

Familientreffen

Hier haben wir uns noch einmal versammelt, aber in Wirklichkeit sind wir längst vergriffen. Sie können uns jedoch zu einer neuen Auflage verhelfen, denn wir sind ja bekanntlich eine Bildbandreihe und möchten wieder zur Familie dazugehören. Gerne können Sie sich für einen oder mehrere Titel vormerken lassen und – ausreichende Nachfrage vorausgesetzt – es gibt uns wieder!

SCHIENE-Photo: Die faszinierenden Bildbände!